MinuteEarth
隊員證書

姓名：

歡迎一起加入
「1分鐘看地球」的探險行列！

1分鐘
看地球

全球兒童瘋迷
5億人搶著看的
STEAM 科學動畫書

Legal

1分鐘
看地球

全球兒童瘋迷
5億人搶著看的
STEAM科學動畫書

MinuteEarth Explains
How Did Whales Get So Big?
And Other Curious Questions about
Animals, Nature, Geology,
and Planet Earth

MinuteEarth ——著/繪

王季蘭 ——譯

小野人 42

1分鐘看地球

全球兒童瘋迷
5億人搶著看的
STEAM科學動畫書

作者／繪者　MinuteEarth
譯　　者　王季蘭

野人文化股份有限公司
社　　　長　張瑩瑩
總 編 輯　蔡麗真
主　　編　陳瑾璇
責任編輯　陳韻竹
專業校對　林昌榮
封面設計　周家瑤
內頁排版　洪素貞
行銷企劃經理　林麗紅
行銷企畫　蔡逸萱、李映柔

出　　版　野人文化股份有限公司
發　　行　遠足文化事業股份有限公司 (讀書共和國出版集團)
　　　　　地址：231 新北市新店區民權路 108-2 號 9 樓
　　　　　電話：（02）2218-1417　傳真：（02）8667-1065
　　　　　電子信箱：service@bookrep.com.tw
　　　　　網址：www.bookrep.com.tw
　　　　　郵撥帳號：19504465 遠足文化事業股份有限公司
　　　　　客服專線：0800-221-029
法律顧問　華洋法律事務所　蘇文生律師
印　　製　凱林彩印股份有限公司
初版首刷　2022 年 03 月
初版 5 刷　2023 年 08 月

有著作權　侵害必究
特別聲明：有關本書中的言論內容，不代表本公司 / 出版集團之立場與意見，
文責由作者自行承擔
歡迎團體訂購，另有優惠，請洽業務部（02）22181417 分機 1124

ISBN 978-986-384-651-2（精裝）
ISBN 978-986-384-666-6（EPUB）
ISBN 978-986-384-665-9（PDF）

國家圖書館出版品預行編目（CIP）資料

1 分鐘看地球：全球兒童瘋迷、5 億人搶著
看的 STEAM 科學動畫書 / MinuteEarth 作；
王季蘭譯 . -- 初版 . -- 新北市：野人文化股
份有限公司出版：遠足文化事業股份有限公
司發行 , 2022.03
　面；　公分 . -- (小野人 ; 42)
譯自：MinuteEarth explains: how did whales
get so big? and other curious questions about
animals, nature, geology, and planet earth.
ISBN 978-986-384-651-2(精裝)

1.CST: 科學 2.CST: 通俗作品

300　　　　　　　　　　　　110020871

1 分鐘看地球

野人文化
官方網頁

野人文化
讀者回函

線上讀者回函專用
QR CODE，你的寶
貴意見，將是我們
進步的最大動力。

請別忘記⋯⋯你是偉大事物的一部分。

目錄

一起加入地球探險！

人類（包括你！）是種好奇心多到爆炸的生物，
自人類存在的第一天起，
就不斷嘗試找出地球運作的模式，
這不僅是要解決我們遇到的問題，
也為了滿足人類無窮的好奇心。
在探索的過程裡，我們從中挖掘出更多令人驚喜的發現。

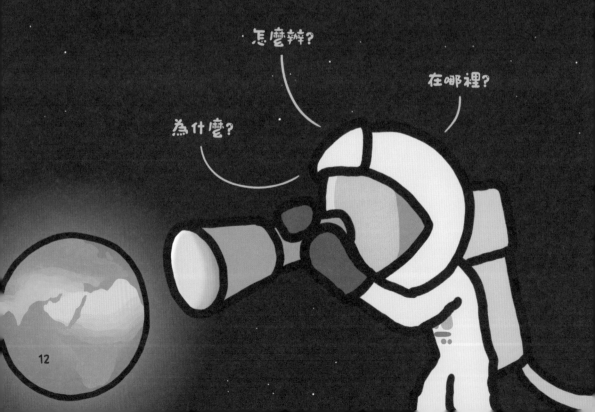

怎麼辦？

在哪裡？

為什麼？

在這本書裡，我們和你分享的驚奇事物，只是世界上的冰山一角。
裡頭提到的某些問題，可能是你曾經感到疑惑的，像是：
樹葉為何會在秋天變成令人驚豔的顏色？
其他問題則有一點古怪，例如：為什麼羊毛衣放到洗衣機清洗
會縮水，綿羊淋雨後身上的羊毛卻不會？
每個問題的答案，都揭開了地球神祕面紗的一角，
讓我們能夠窺探這個奇異的行星
究竟如何錯綜複雜地交互運作著，並從中獲得無限樂趣！

歡迎來到
「MinuteEarth·地球一分鐘」！

嘿！
你可以在本書最後面的詞彙表裡，
找到所有粗體字名詞的定義解釋喔！

地球的水來自哪裡？

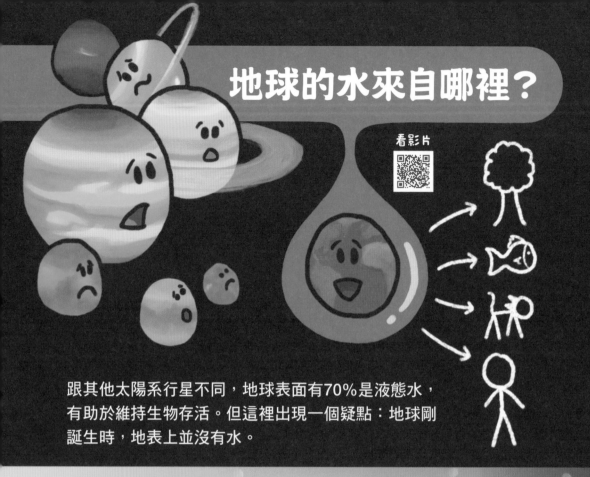

看影片

跟其他太陽系行星不同，地球表面有70%是液態水，
有助於維持生物存活。但這裡出現一個疑點：地球剛
誕生時，地表上並沒有水。

早期整個太陽系中充滿固態、冰凍的水，
但是**內太陽系**的環境溫度對冰凍的水來說，過於炎熱，
而受高溫蒸發的水蒸氣又會被太陽風給吹走，所以地球上不該有水存在。

所以，到底現今這些壯闊的海洋、河川、冰帽和雲朵是怎麼出現在地球上的？

像燃燒與呼吸這樣的自然作用，確實能夠透過化學反應生成水，但其他自然作用，例如**光合作用**，卻可以耗盡水。此外，這些水量實在微少到我們不敢拍胸膛保證說，只憑它們就可以在幾十億年間，造就出地球上如此豐沛的水源。

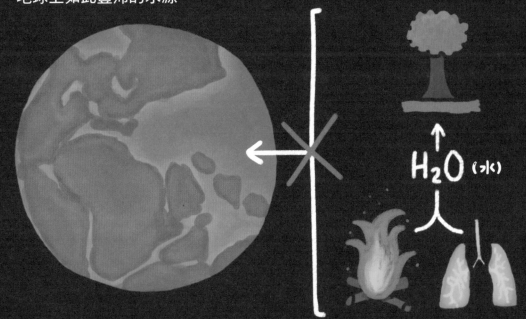

H_2O（水）

因此，水必定來自**流星體、彗星**或其他天體，而這些天體一定要距離太陽夠遠，才能確保冰凍狀態的水不會受到太陽高溫而全部蒸發化為烏有。

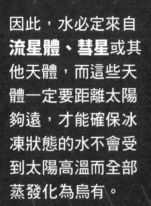

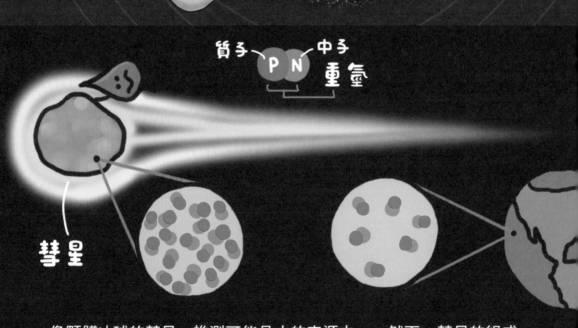

質子 P　N 中子
重氫

彗星

像顆髒冰球的彗星，推測可能是水的來源之一。然而，彗星的組成成分富含一種特別的氫，稱之為「重氫」（原子核內有一個中子N與一個質子P），比地球上水的重氫含量還要多很多，因此排除了彗星是

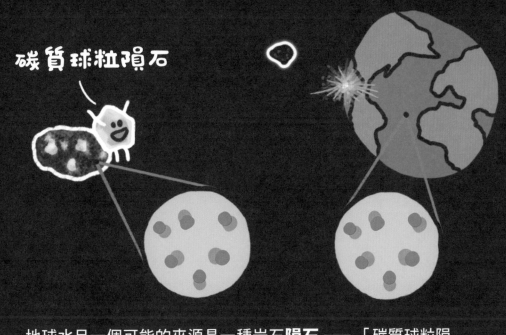

碳質球粒隕石

地球水另一個可能的來源是一種岩石**隕石** ——「碳質球粒隕石」，它們在距離太陽很遠的地方形成，所以水分不會因為高溫而蒸發，而且這些水的重氫含量比例跟地球水差不多。

我們可以推論，地球上的水是搭乘隕石而來，從此地球變成一顆水波蕩漾的藍色彈珠。

河流為什麼彎彎曲曲？

看影片

相較於從筆直峭壁飛下的瀑布，平原上的河流既蜿蜒且緩慢。為什麼筆直的河道會變得彎彎曲曲呢？其實只要一些微小的擾動加上漫長的時間就能辦到！

讓我們舉個例：麝田鼠會挖地道打造溫暖的家，但挖地道時經常會削弱河床的穩定結構，導致河床邊緣土石鬆動而破碎。

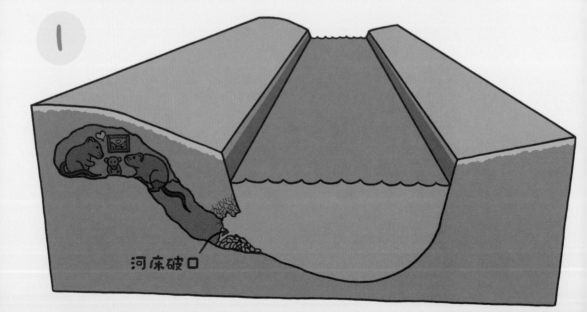

河床破口

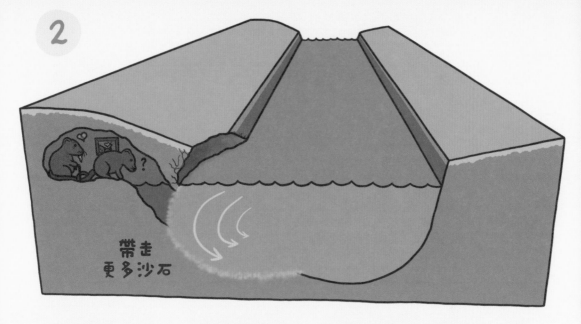

水會灌進河床破口，帶走鬆落的沙石，繼續掏空洞穴，造成河水沖刷速度更快，又再帶走更多沙石……如此反覆作用下去。

當愈來愈多的水流進不斷向下加深的洞，對岸的水流會逐漸減量與減速，而慢速水流攜帶沙石的能力比快速水流小，於是沙石開始在河床內側堆積。

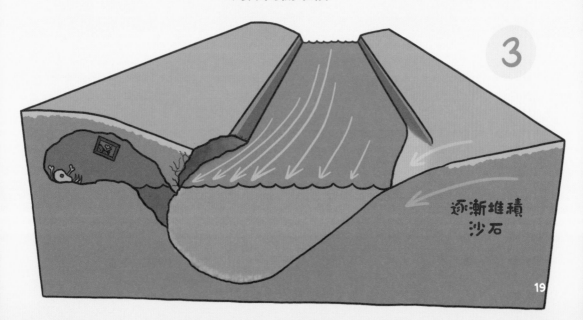

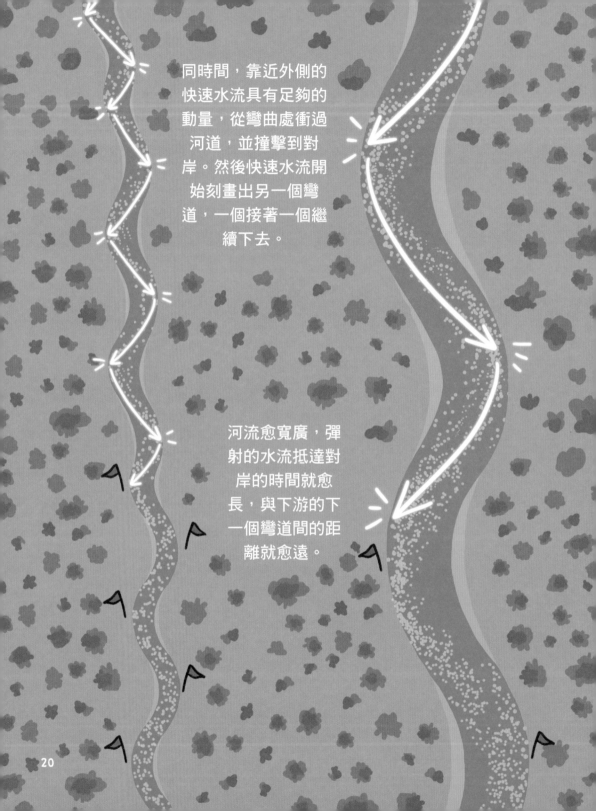

同時間，靠近外側的
快速水流具有足夠的
動量，從彎曲處衝過
河道，並撞擊到對
岸。然後快速水流開
始刻畫出另一個彎
道，一個接著一個繼
續下去。

河流愈寬廣，彈
射的水流抵達對
岸的時間就愈
長，與下游的下
一個彎道間的距
離就愈遠。

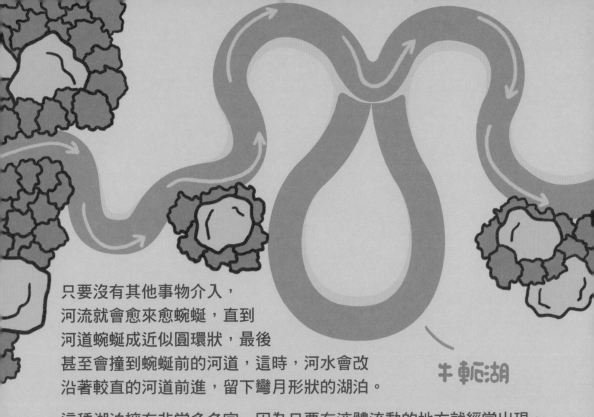

只要沒有其他事物介入，
河流就會愈來愈蜿蜒，直到
河道蜿蜒成近似圓環狀，最後
甚至會撞到蜿蜒前的河道，這時，河水會改
沿著較直的河道前進，留下彎月形狀的湖泊。

牛軛湖

這種湖泊擁有非常多名字，因為只要有液體流動的地方就經常出現。
美國人叫它「牛軛湖」，澳洲人則稱它為「比拉邦」。

00111111
00100001

不過，有趣的問題來了：火星上也有
古老的牛軛湖，那麼火星人會怎麼稱
呼它呢？

?

先有雨，還是先有雨林？

看影片

夏威夷有一句諺語：「hahai no ka ua i ka ulula'au」，意思是「雨跟著森林走」，但等一等……，既然所有的植物都需要水，那麼不就應該是「森林跟著雨走」嗎？其實從結果來看，兩種說法都沒錯。

陸地植物行光合作用時，葉子上的氣孔會打開來抓取二氧化碳，以產生能量。然而打開氣孔時，水分也會隨之蒸散而形成一股拉力，透過根部吸進更多水分。

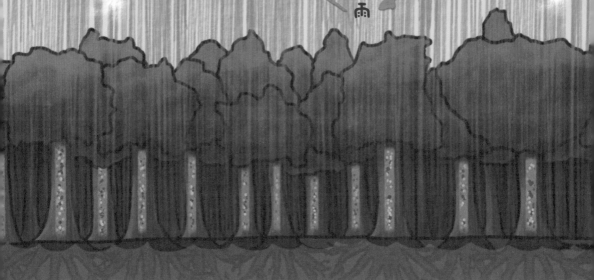

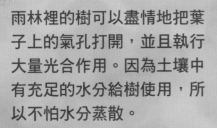

雨林裡的樹可以盡情地把葉子上的氣孔打開，並且執行大量光合作用。因為土壤中有充足的水分給樹使用，所以不怕水分蒸散。

所有蒸散的水分，以水蒸氣的形式從森林上升到大氣中，形成雲，並凝聚成雨滴，雨滴再降落到地表，繼續下一個循環。

因此，假使樹木沒擠出那麼多水到大氣裡，雨林就不會那麼潮溼。
然而，若是沒有那麼多雨水降下，雨林也無法擠出那麼多水到大氣中，
那麼這個循環到底是怎麼開始的？

23

這樣講吧，早在雨林形成之前，有些樹木（如柏樹、松樹、雲杉等裸子植物）的祖先主宰了陸地，但裸子植物不太需要水分，也不太蒸散水分，因此大氣偏乾燥，降雨也少。

裸子植物

到了1億3千萬年前，一種新植物出現了。新植物冒著失去較多水分的風險，只為了進行更多光合作用，它們是**被子植物**，也就是開花植物。被子植物的冒險舉動獲得了回報，得以快速生長與擴張，因此主宰了地球的熱帶地區。

被子植物

被子植物擠出非常多水分到大氣中，因此，當這種植物向外
傳播的時候，就好像攜帶自己的雨移動一般。

所以「雨跟著森林走」這個說法是真的。
一旦雨跟著森林走，森林也會跟著雨走，如此不斷循環下去。

野火怎麼愈滅愈失控？

看影片

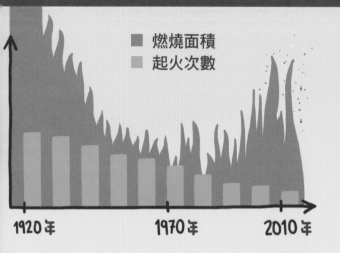

■ 燃燒面積
■ 起火次數

1920年　　　　1970年　　　　2010年

美國發生野火的次數從1920年起逐年下降，但是自1970年起，每年野火燃燒的總面積卻超過兩倍。這很不可思議，如果發生野火的次數變少，為什麼破壞反而增加呢？

這是因為人類一直在撲滅層出不窮的野火。降低火災次數，反而會導致茂密的森林裡，充滿易燃的瀕死樹或枯死樹的針葉與枯枝。

因此，今日的森林大火平均
較過往燃燒得更熾熱、規模
更大、也蔓延得更快速。

不只如此，野火將日益難
以控制，因為氣候變遷把
森林變得更熱、更乾，人
類也把房子愈蓋愈靠近容
易起火的區域。

好消息是，我們可以抑制「燃料」的供給，來阻止野火變得更加猛烈。
基本上，因應策略是：在環境還不太乾燥或風勢不大的時候，讓零星的
野火燃燒（甚至由我們引燃），或是砍掉一些樹，讓森林不要那麼稠密。

不管在何時或何地，這個策略總是奏效，
不只讓野火溫度較低、蔓延較慢，也降低了破壞力。
舉例來說，2006年烈火橫掃美國華盛頓州，未受到控管的區域損失了
92%的森林，然而在剛砍伐過樹木的、或曾受控制焚燒過的森林，因
為樹木較不稠密，只有49%的森林被燒掉。

未受控管的森林　　　　　　受控管的森林

雖然這種策略看似違反直覺，但現在是時候讓每個人明白：
主動「玩火」，才不會「惹火上身」！

可惜的是，目前仍然很難說服大眾及政府，人為的「控制焚燒」可
以挽救大規模野火，是控制森林野火的最佳處方箋。

誰跟雨林並列「生態豐富No.1」?

熱帶雨林是許多植物的家,這裡孕育出來的物種比地球上大多數地方還多,但位於澳洲西部與非洲南部的灌叢地是個例外。儘管人們對灌叢地的印象模糊,這個**生態系**的**生物多樣性**可是超豐富。

約120個物種/100平方公尺

約120個物種/100平方公尺

雨林和灌叢地的樣貌似乎差了十萬八千里,但是兩地的多樣性都超豐富,這(部分)歸功於它們土壤中的氮(N)、磷(P)含量非常低,而這兩者是植物賴以生長的**養分**。

氮 N 磷 P

邏輯上來說，土壤養分愈高，應該對植物生長愈有利，不是嗎？然而在土壤養分豐富的生態系中，植物的確長得很繁盛，但多樣性卻不夠豐富。

這是因為，長得快的物種會吸收大部分的養分，它們的樹葉與根奪取了大量的陽光和水，讓它們長得更快。而長得慢的物種得不到足夠的陽光和水，所以無法存活。

相反地，貧瘠的土壤無法供給足夠的養分給生長快速的植物，
讓它們不能發展巨大的莖葉網絡，霸占所有資源。
在這裡，貪婪的植物沒有優勢，大家都只能餬口飯吃。

不過，「貧瘠的土壤」並不是促成「超級多樣性」的唯一條件。
否則，沙灘和山頂也屬於貧瘠的土壤，應該也可孕育出多樣的植物物種。

但這兩種地形之所以無法形成生物多樣性，
是因為對地球的大部分地區而言，
冰河會反覆出現、剷平一切，
讓當地生態系從零開始。

下一次冰河作用
將在21,000年後開始

然而，有幾百萬年的時間，雨林和灌叢地都沒有受到冰河的侵襲。這一大段
不受打擾的時間，漫長到足以讓這兩種環境的植物發展出在貧瘠土壤上存活
的策略。在潮溼的地方，那些策略使植物發展成長得高大、樣貌多元的雨
林；在乾燥的地方，則使植物發展成矮小、樣貌豐富的灌叢地。這就是為什
麼地球上最貧瘠的地方，實際上也是生命最豐富之地了。

蘭花稱霸世界的詐欺手段！

看影片

蘭花這樣的開花植物不僅千嬌百媚，而且從次南極區群島到
熱帶雨林都看得到它的芳蹤！不過蘭花之所以能遍地開花，
其實用了一些非常自私的手段。

舉例來說，大部分的開花植物會
把養分儲存在胚乳，以供種子
發芽所需，但蘭花可沒這麼做。

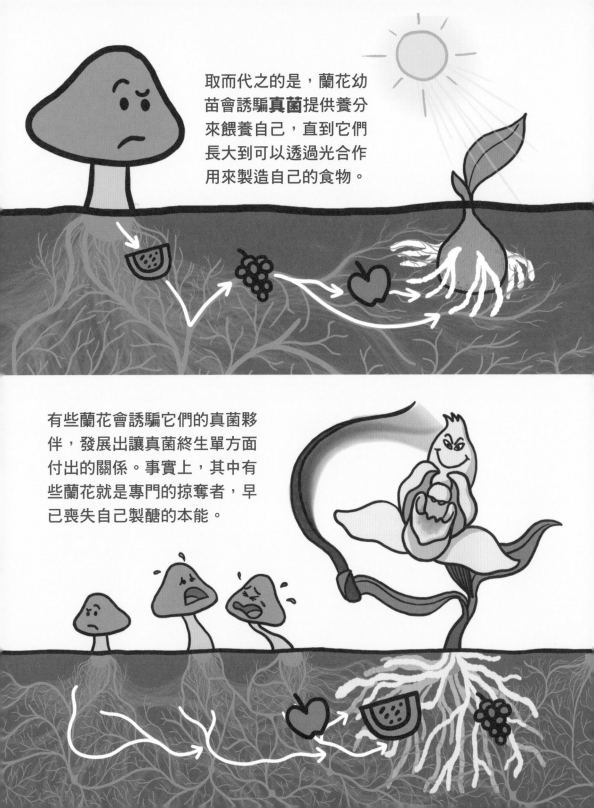

取而代之的是，蘭花幼苗會誘騙**真菌**提供養分來餵養自己，直到它們長大到可以透過光合作用來製造自己的食物。

有些蘭花會誘騙它們的真菌夥伴，發展出讓真菌終生單方面付出的關係。事實上，其中有些蘭花就是專門的掠奪者，早已喪失自己製醣的本能。

而且，當大部分的開花植物為傳播**花粉**的小生物準備花蜜時，蘭花卻選擇欺騙它的**傳粉者**。

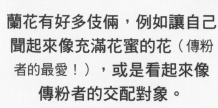

蘭花有好多伎倆，例如讓自己聞起來像充滿花蜜的花（傳粉者的最愛！），或是看起來像傳粉者的交配對象。

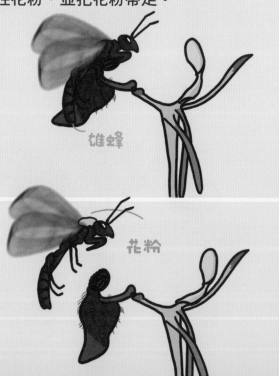

例如，有種澳洲的鐵鎚蘭不管是外觀或氣味，都像不會飛的雌胡蜂，當雄胡蜂試著要把它帶去交配時，不但扯不走假的雌胡蜂，甚至會反彈衝進花裡，所以雄胡蜂會沾上黏性花粉，並把花粉帶走。

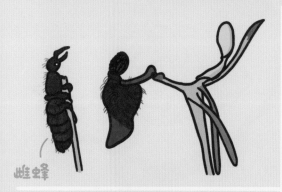

雌蜂

雄蜂

花粉

所有蘭花似乎都知道
如何占人便宜，但它
們其實是一個差異度
很大的群體。每種蘭
花皆高度適應它獨特
的**棲地**，這就是為
什麼蘭花物種可以高
達2萬5千種！

它們是如此「融入當地」，以
致若你把一株蘭花挖起來再種
到10公尺以外的地方，它可能
就會枯萎。這種特性也造就蘭
花多元的風貌，讓每一種蘭花
看起來都很特別！

植物會說話嗎？

看影片

跟動物相比，植物不會發出吵鬧的聲響，似乎很安靜。不過，這不代表植物們不會互相溝通。

接收到兩側植物傳來的氣味

左側被割傷的植物發出警示氣味。

右側被毛蟲啃咬的植物也發出警示氣味。

「氣味」是植物的溝通方法之一，例如植物受傷時會釋放特殊的氣味。

有些植物（像是玉米和棉花）受到侵襲時，會召喚動物做守護者。這些植物會分泌化學物質，吸引**寄生性的**昆蟲，如寄生蜂。寄生蜂會將產卵管刺入正在吃植物的毛蟲身體裡然後產卵，孵化後的幼蟲會從毛蟲肚子裡開始啃食毛蟲，然後從裡面不停地吃到外面。這就是植物和動物的團隊合作！

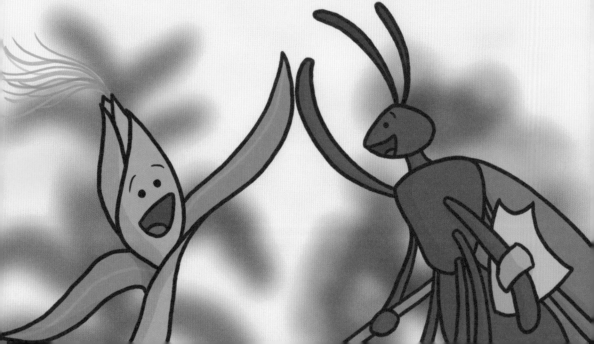

植物也會在地下竊竊私語。即使你從上方把所有番茄株用塑膠袋完全套住、密封，只留一株暴露在有害葉病的環境下，健康的番茄株仍會偵測到鄰居的疾病，開始分泌抗生素化合物。

病菌

抗生素

嘿！

這樣的溝通，可能是透過有益真菌之間綿延的網絡，這類真菌會幫助植物的根吸收及分享水和養分。

然而，植物也可以利用從鄰居身上獲得的訊息，來達到更卑鄙的目的。寄生植物菟絲子的藤蔓，會去偵測它喜歡的**宿主**，並朝宿主的方向攀爬，而非盲目地亂生亂長。變色龍藤則會長出不同形狀大小的葉子，好跟它們所攀爬的樹或灌木的外型吻合，也就是把宿主當作攀爬的支架，同時偽裝成宿主的模樣。

菟絲子

變色龍藤

不論目的為何，早在社群媒體和簡訊流行之前，植物就已經在複雜的社會網絡中交談與竊聽了。與其說植物模仿我們的社群網路，其實應該是人類在效法它們呢！

為什麼秋天的樹葉會變紅？

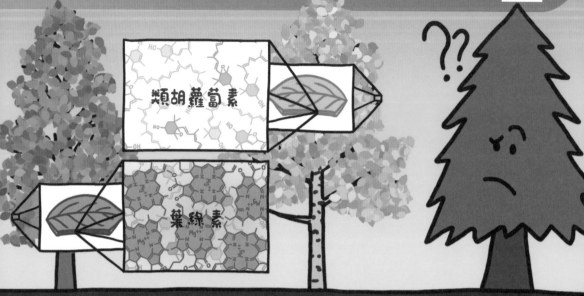

類胡蘿蔔素

葉綠素

像松樹之類的長青樹，長年都保持綠油油的，但是其他種樹木到了秋天葉子就會變色，這是因為它們的葉子失去了綠色的**葉綠素**分子，讓底層的彩色分子透出來。不過，這是怎麼發生的呢？

落葉性樹木的葉子不怎麼耐寒，無法熬過冬天，所以天氣變冷時就開始落葉。但這樣不是很浪費嗎？樹木在每年春天時，從土壤吸取養分（例如氮、磷）才長出了葉子，那麼樹葉掉落不就代表它們失去了大量的寶貴養分？

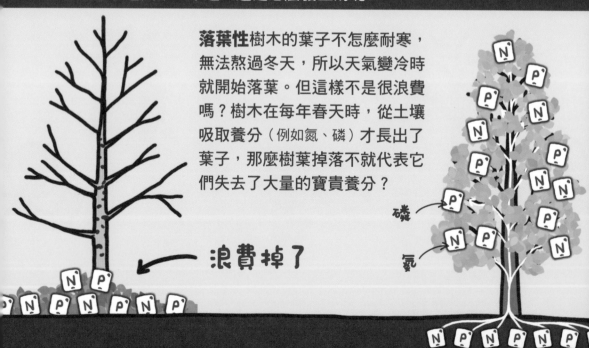

浪費掉了

磷

氮

因此，每年秋天，落葉樹都會循環善用這些養分。

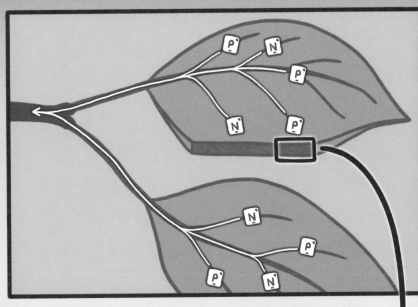

這包括分解細胞與拆解光合作用的機制，好從葉子獲得氮、磷等養分，並把它們儲存在樹枝裡，留待明年春天使用。

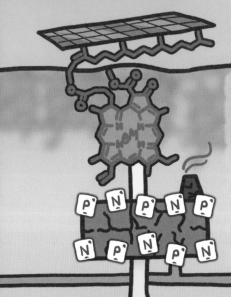

其實這個過程非常棘手，因為一旦分解作用開始，葉綠素分子仍然可以繼續吸收太陽的能量，然而光合作用並不會進行。所以此時未使用的能量就會傳遞給氧分子，這會變成危險的反應，並在葉子內造成大破壞。

為了把破壞降到最小，葉子會把葉綠素分子分解成較不危險的分子（通常是透明的）。隨著葉綠素分子變透明，原本底層被遮住的黃色、橘色色素就顯現了。然後，登愣！現在樹上掛滿了美麗的黃葉跟橘葉！

落葉樹自保手段

將葉綠素分解成透明分子

類胡蘿蔔素

有些樹會採取其他預防措施，防止葉綠素分解時所造成的破壞：當分解作用開始，它們會製造新的色素來遮蔽葉綠素，不讓它受到陽光照射，直到葉綠素被分解為止。這些色素趨近紅色，所以使用這些色素的樹木，到了秋天會呈現紅色的樹葉。

升級版落葉樹自保手段

製造花青素

花青素

葉子的「變色換裝」機制，
幫助落葉樹回收老葉中一半
的氮、磷含量，有助於春天
長出新的綠葉。落葉樹或許
可說是世界上最美麗的「再
生」植物了。

花朵想用美色誘惑誰？

看影片

大多數植物都是
立地扎根，因此
無法外出邂逅其
他同物種的伴侶
來繁殖。

取而代之的是，它們仰賴外力來把雄花的花粉傳播到雌花上，
而且，這些花朵的外型是為它們的傳粉者所量身訂做的。

舉例來說，某些仰賴蜜蜂傳粉的花朵是黃色跟藍色的，
這正好是蜜蜂看得最清楚的顏色。

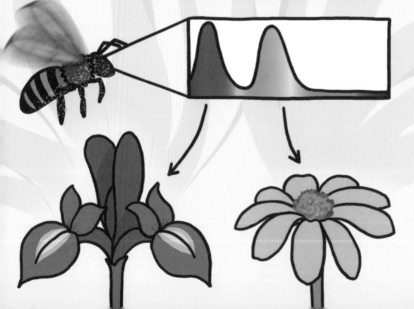

並且，蜜蜂的嗅覺
十分靈敏，所以這
些花朵也會噴出誘
人的香味。

很多靠蜜蜂傳粉的植物也會提供方便的降落點給矮胖昆蟲休息，而且花瓣上有顯眼的紫外線標記。

蜂鳥的嗅覺很差，但記憶力特別好，所以提供牠們食物的花朵是無香味的，但是會製造大量花蜜吸引牠們回來。這些花通常是紅色的，以確保紅色色盲的蜜蜂不會過來覓食，以保全花蜜。否則蜜蜂可能只會抓糖蜜來吃，卻沒有幫忙散播花粉。

有些花在夜晚才盛開，具有亮白色的花瓣與濃郁的
氣味，可以在夜晚吸引蛾和蝙蝠。

有些花則是散發腐
肉般的臭味，吸引
清道夫似的蒼蠅。

有些植物靠近地面生長，會釋放發
酵的氣味來引誘齧齒類的傳粉者。

當然，很多植物都有多個傳粉者，大部分傳粉者也不只嘉惠一種植物。
為了擴大獲得傳粉的機會，植物會持續演化，讓能搬走最多花粉的動物
或昆蟲獲得特別的暗示。

因為對於植物來說，「傳宗接代」的最大幫手就是蜜蜂跟鳥兒，
而蒼蠅、蛾、蝴蝶、蝙蝠、齧齒動物等的幫助也不可或缺。

海中的魚兒怎麼愈來愈小隻？

看影片

在法規的限制下，我們現在只能捕撈
體型符合標準的大魚、放生小魚。

大於合法
捕撈尺寸

這是為了確保幼小的魚兒在成為餐桌佳肴之前，
能長大到至少有一次孕育幼苗的機會。

理論上來說，這種作法讓魚兒生生不息，
代表明天的飯桌上一定有足夠的魚可吃。

然而，這種做法並非真的有用。

這樣的做法，其實只是在保障天生體型比較小的魚。現在捕捉到
的大型魚，大約是40年前的一半重而已。例如一條6歲的鱈魚，
重量只有1970年的40%，就像一個成人只有30公斤重！

重
量

65磅
(30公斤)

1970年　　　　　　　2010年

比起小型魚，大型魚更能成功孕育出後代，不僅是因為大型魚產出較多的卵，也因為牠們的卵含有較多的食物，可以供給裡面的魚寶寶。因此，若是把一個魚種中長得最大的魚兒移除掉，這個族群的數量便很難恢復到原先的樣貌。

除此之外，若我們持續把最大的魚帶走，那麼只有天生就長得比較小的魚可以活得夠久，孕育出小寶寶。這些長得小的魚，就會把牠們的「小魚**基因**」傳給下一代，然而大魚以及牠們的「大魚基因」會變得愈來愈稀少。

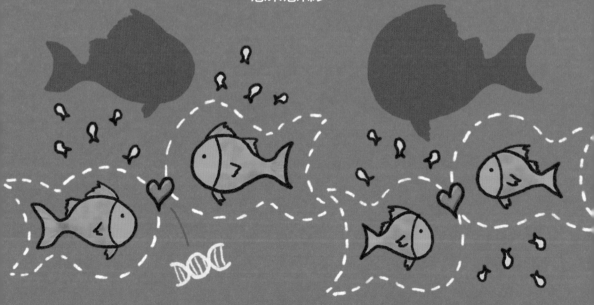

那我們該怎麼守護「大魚基因」呢？這裡有一個更好的點子：
與其釣起所有的大魚，我們應該捕撈各種體型的魚，
但數量再少一點。如此一來，便可以維持魚群在數量與體型上的平衡。

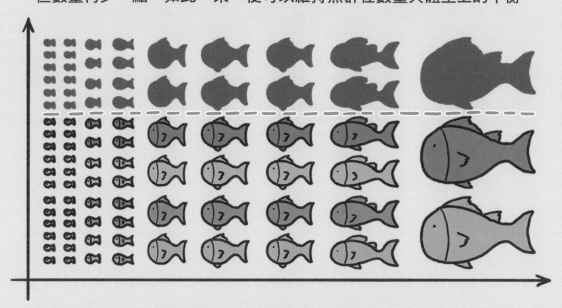

趁早不宜遲，我們必須接受一件事：讓一些大魚逃走未必是壞事。
如此一來，我們才能確保海裡的魚群滾滾來。

毛衣會縮水，綿羊淋雨卻不會？

看影片

如果你把羊毛衣放進洗衣機和烘衣機裡，毛衣會縮水，那麼為什麼身上包裹著一大團羊毛的綿羊被雨淋溼，卻不會縮水呢？答案就在於**摩擦力**。

100% 羊毛

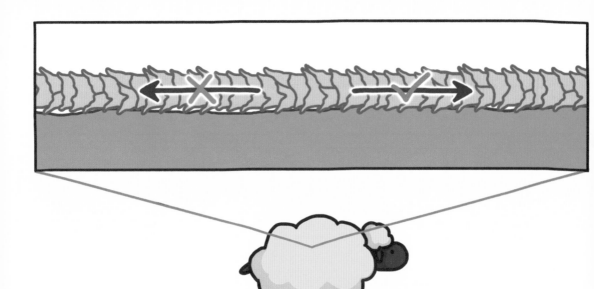

就跟所有**哺乳類**動物的毛髮一樣，羊毛纖維外包覆了彼此重疊、單向的鱗片構造，這讓纖維在順著特定方向摸起來時，會較為滑順。

這就是為什麼，當你拉出一撮自己的頭髮，用手指從髮根往髮尾方向滑時，會比反過來滑要來得柔順許多。

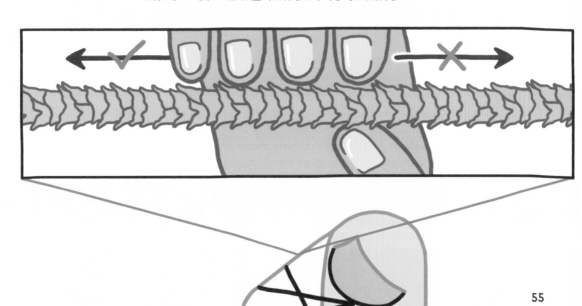

當我們把一件羊毛衣丟進洗衣機裡翻攪，鱗片的單向阻力就會變成問題，
因為當纖維彼此摩擦時，為了不跟隔壁纖維糾纏在一起，
所有纖維只好順著同一個方向運動。

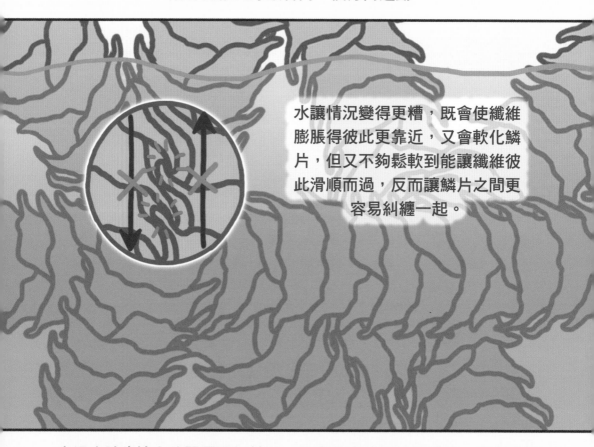

水讓情況變得更糟，既會使纖維
膨脹得彼此更靠近，又會軟化鱗
片，但又不夠鬆軟到能讓纖維彼
此滑順而過，反而讓鱗片之間更
容易糾纏一起。

高溫也讓摩擦力的問題更加棘手。溫度升高讓纖維更捲曲，使得它們
有較大的接觸面積，就像若把義大利麵盛在盤子裡，煮熟的麵條彼此
碰觸到的地方，會比沒煮過的麵條還要多。

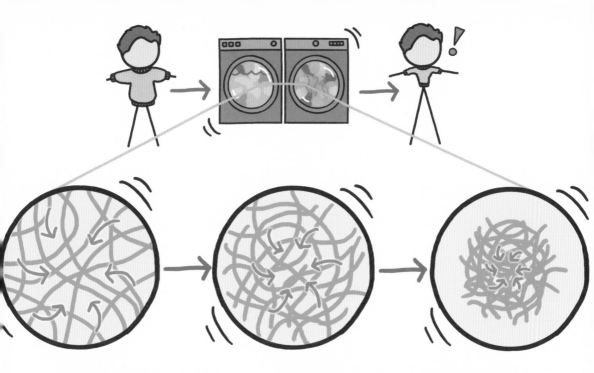

經過洗衣與烘乾的過程，羊毛衣中幾千根纖維上的百萬個小鱗片，
把纖維更緊密地拉在一起，毛衣的尺寸看起來就縮小了。

當雨中的綿羊聚在一起，厚重羊毛大衣裡的纖維會膨脹，鱗片會軟化，
但是牠們的羊毛不會被翻攪到縮水的地步……
除非，他們太過熱情「羊」溢！

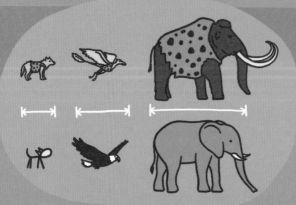

鯨魚為什麼可以

動物有不同的大小，但大部
分的動物在演化的過程中，
體型都維持差不多的尺寸。

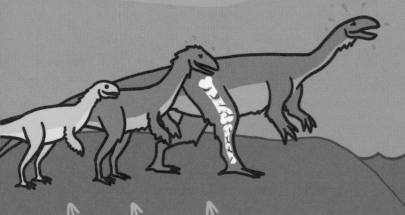

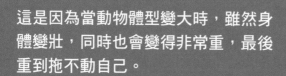

這是因為當動物體型變大時，雖然身
體變壯，同時也會變得非常重，最後
重到拖不動自己。

然而，偶爾有那麼一次，
有一種動物獲得一連串的好運，長到無敵巨大……

當鯨魚的陸生祖先潛回到海洋時，海水可以承受牠們的重量，所以鯨魚可以肆無忌憚地長大，不怕撐不住牠們巨大的身軀。

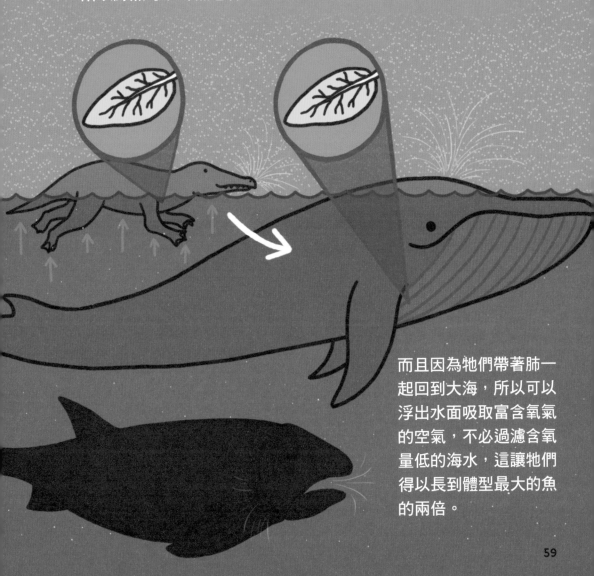

而且因為牠們帶著肺一起回到大海，所以可以浮出水面吸取富含氧氣的空氣，不必過濾含氧量低的海水，這讓牠們得以長到體型最大的魚的兩倍。

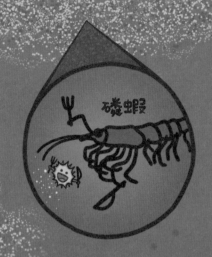

磷蝦

然後，到了幾百萬年前，洋流改變了方向，從深海把大量養分帶上來，刺激大型**浮游植物**大量繁殖，接著便吸引巨量美味的**浮游動物**聚集，例如磷蝦。

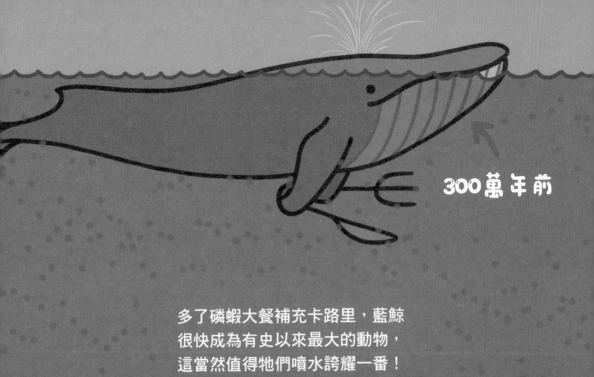

300萬年前

多了磷蝦大餐補充卡路里，藍鯨
很快成為有史以來最大的動物，
這當然值得牠們噴水誇耀一番！

1

今天

猜猜誰是真蜜蜂？

看影片

提到蜜蜂時，你腦中的
蜜蜂可能長這樣。

黃蜂

蜜蜂

蜜蜂

蛾

蒼蠅

不過，信不信由你，大部分的蜜蜂可
沒有黃黑相間的條紋，身披黃黑條紋
的昆蟲往往不是真的蜜蜂。這種混人
耳目的干擾其實是有意圖的，這是一
種叫掠食者滾開的戰術。

蜜蜂

蜜蜂

會分泌危險的防禦性化學物質的昆蟲，或是會叮螫的昆蟲，
通常都是色彩明亮的，所以掠食者會學著避開牠們。

物種1　　　　　　　　　　物種2

掠食者

如果兩種帶刺的昆蟲擁有不同的警告色彩或花紋，
掠食者就必須加倍努力去記憶它們的圖案，
否則在牠記住之前，每次進食都會嘗盡苦頭。

物種1　　　　　　　　　物種2

掠食者

再假使有兩種昆蟲看起來很像，而且其中一種具備危險性，
那麼掠食者在學會分辨差異之前，就不敢貿然行動，
兩種昆蟲就能降低被吞食的機率。

因此，帶刺的物種
（例如蜜蜂和黃蜂）
外表通常漸趨相似。

一旦掠食者學到黃黑條紋的獵物不值得冒險，就有騙子想混入其中，
換取更大的生存機率。像是蒼蠅和蛾雖然沒有刺能保護自己，
但光是讓自己看起來像帶刺的昆蟲，就足以提供幾乎相同的保護力。

蒼蠅

蛾

所以這隻昆蟲到底
是不是蜜蜂呢？

如果牠叮了你，代表牠可能是蜜蜂或黃蜂。兩者除了都帶刺以外，
還有像手肘般彎曲的短觸角、四片翅膀（雖然這兩樣都小到很難看清）；
最大的差別是，蜜蜂身上毛茸茸的，但黃蜂幾乎光禿禿的。

黃蜂

蜜蜂

蛾

如果這隻昆蟲沒有刺，只有兩片翅膀，而且看起來像戴了一副超大眼鏡，那就是蒼蠅；如果這隻昆蟲沒有刺，但有羽毛狀的長觸角，那牠可能是蛾。

蒼蠅

如果你可以克服被螫到的恐懼，
開始欣賞這些昆蟲的不同之處，
你也許能體會「養蜂人的眼裡出西施」！

候鳥喜歡繞遠路？

看影片

每年秋天，幾十億隻候鳥會遷移到熱帶地區。
然而，牠們並非直線飛行，而是走「Z」字路線。

雖然繞路會增加候鳥的旅程，讓總距離超
過1千英里（相當於1,600公里），但實際上
卻能幫助牠們更快抵達目的地。

12000公里！

9600公里

那些順著風飛行的鳥兒，至少有風在身後推著牠們，
所以比起逆風而行的鳥兒，飛得更快一些。
打個比方：利用風向優勢的燕子即便得多飛25%的距離，
飛行速度卻能增加一倍，
那麼牠的旅行時間就可以縮短為原來的三分之二。

100公里

125公里

有時繞遠路飛越陸地也是值得的。小型候鳥因為體型小，如果在開放海域遇到暴風雨，可能無法逃過一劫。

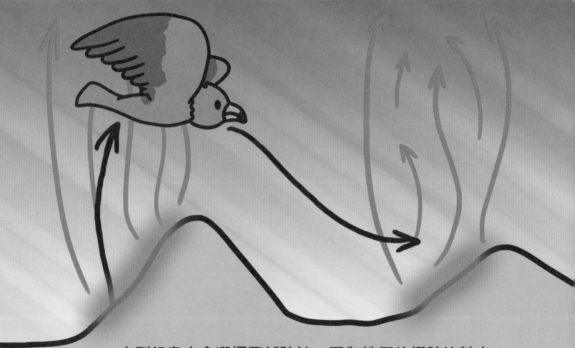

大型候鳥也會選擇飛越陸地，因為牠們的翅膀比較大，
可以輕鬆乘著陸地的上升熱氣流向上飛、再順勢俯衝到下個山谷。
這種熱氣流，是由地表不均勻的加熱所形成的。

有些重要的**陸橋**，是鳥兒們繞路時的
必經之地，讓全世界的候鳥有機會相遇。

每年有好幾個月，這些熱門景點都擠滿
了一群群聒噪的外國遊客，不管是天上
飛的，還是地上走的。

動物世界到處是愛情騙子？

看影片

單配偶制（monogamy），
顧名思義就是長期甚至終生
只與單一對象維持伴侶關係的制度，
這在動物王國裡其實並不普遍。

Monogamy

單一　　婚姻

3%　　　95%

只有3%的哺乳類是單配偶制，而95%的鳥類雖然也是
單配偶制（或者關係至少會持續一段時間），但親子鑑定顯示，
鳥類的世界充斥著愛情騙子。

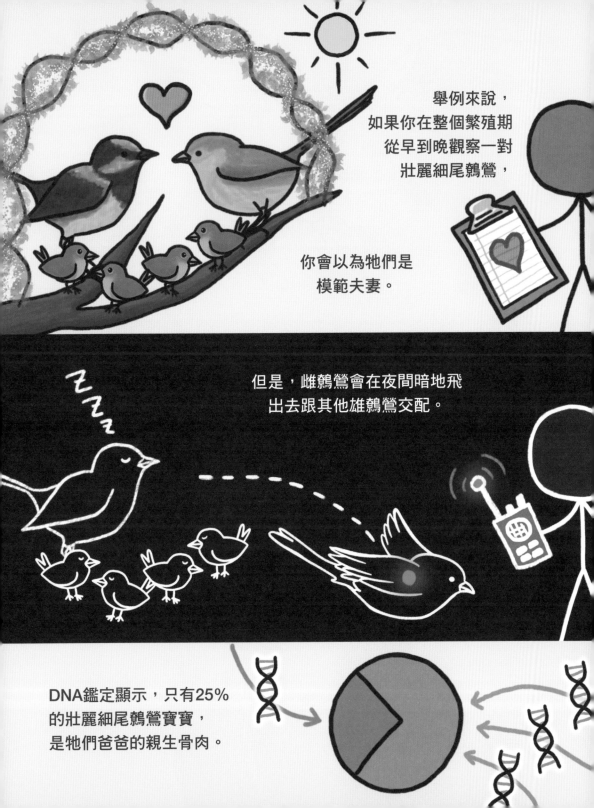

舉例來說，
如果你在整個繁殖期
從早到晚觀察一對
壯麗細尾鷯鶯，

你會以為牠們是
模範夫妻。

但是，雌鷯鶯會在夜間暗地飛
出去跟其他雄鷯鶯交配。

DNA鑑定顯示，只有25%
的壯麗細尾鷯鶯寶寶，
是牠們爸爸的親生骨肉。

鳥寶寶需要無微不至的照顧，所以鳥爸爸、鳥媽媽一起照料是很好的策略，
然而我們也能理解，為什麼牠們會偷偷摸摸去外頭製造不同的遺傳基因，
因為這能提高物種存續的機率。

雄性 ♂　♀ 雌性

「偷吃行為」可以用來解釋，為何單配偶制物種中的雄性和雌性，
有時外表出乎意料的不同。其實我們早知道，愈愛處處留情的物種，
兩性的外表差異可能就愈大。

雌性 ♀　♂ 雄性　♀ 雌性

這是因為，世世代代下來，贏得（以及捍衛）所有交配機會的外表特徵，
通常會變得愈來愈顯著。不然你想想看雄鹿的大鹿角，
或大猩猩那寬大的銀白色背部。

雖然單配偶制的物種在地球上是少之又少。
但我們至少知道一種終生伴侶的完美典範：奇異雙身蟲。

這種雙身蟲伴侶是貨真
價實地「結為一體」，
看起來就像一個單一生
物。然後牠們會維持這
樣緊密結合的狀態，一
起在魚鰓裡吸血度過餘
生，實踐真正浪漫的
「親密依附」關係！

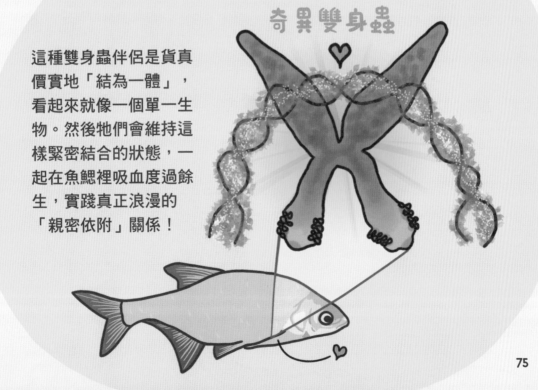

奇異雙身蟲

為什麼動物爸媽會吃掉寶寶？

看影片

從魚類、鳥類、到靈長類，有許多動物偶爾會吃自己的寶寶，這聽起來既悲傷又不可思議。

畢竟，幾乎所有物種的人生重大目標都是生小寶寶，所以把小孩吃下去，等於同時吃掉牠們身上所帶的基因、物種存續的希望，似乎是很糟的做法。不過，有時候「**同類相食**」——吃掉同類的寶寶，是個成功的策略。

舉例來說，倉鼠似乎會用吃寶寶來達到「鼠口管制」的目的。生育八或九胎的雌倉鼠，平均會吃掉兩隻寶寶。

當科學家多抱兩隻倉鼠寶寶給倉鼠媽媽時，倉鼠媽媽會吃掉四隻寶寶。

然而，如果在倉鼠媽媽生育那一天，科學家就抱走幾隻寶寶的話，倉鼠媽媽就不會吃掉倉鼠寶寶了。這顯示倉鼠媽媽們試著要讓寶寶的數量維持在少數，確保牠們提供的營養足以分給這些存活下來的寶寶，讓寶寶們平安長大，並把基因傳承下去。

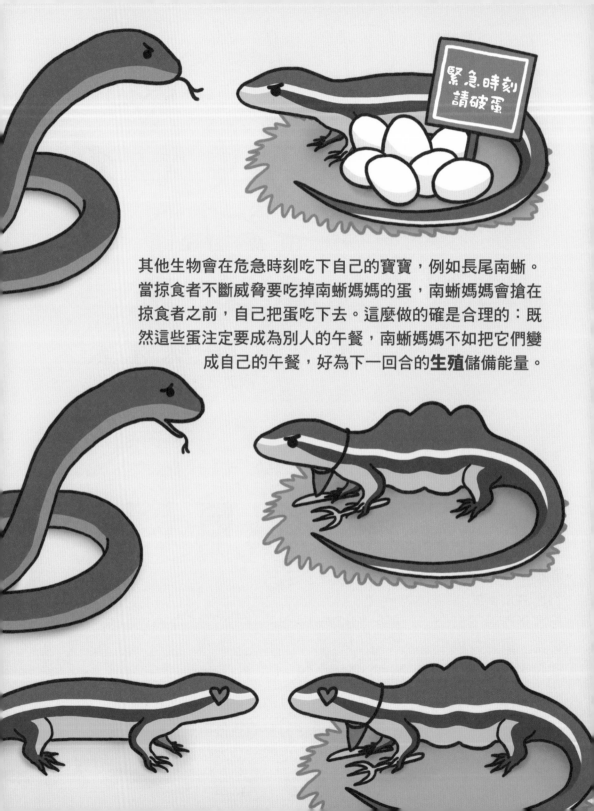

緊急時刻
請破蛋

其他生物會在危急時刻吃下自己的寶寶，例如長尾南蜥。
當掠食者不斷威脅要吃掉南蜥媽媽的蛋，南蜥媽媽會搶在
掠食者之前，自己把蛋吃下去。這麼做的確是合理的：既
然這些蛋注定要成為別人的午餐，南蜥媽媽不如把它們變
成自己的午餐，好為下一回合的**生殖**儲備能量。

有時候，小孩會妨礙父母交配。雄沙鰕虎魚會同時讓許多雌沙鰕虎魚受精產卵，然後放在同一個巢裡照顧。為了再次交配，沙鰕虎魚爸爸會吃掉孵化速度較慢的魚卵，以換取自由，出門製造更多寶寶。

簡而言之，綜觀整個動物王國，動物們為了傳承牠們的基因，會去擴大能獲取的資源、能量和機會。所以說，有時候吃一份「兒童餐」，也是情有可原的。

我們該先救貓熊嗎?

看影片

時至今日,地球上超過2萬個物種正面臨滅絕的危機,但我們沒有足夠的時間與金錢來拯救所有的物種。那麼,我們該如何決定要從哪裡著手呢?

通往
滅絕之路

這是一個艱難的情況,但卻不是單一個案。急救醫療人員經常面臨這樣的抉擇,而參照這種以急迫性為主要考量的方法,也可以協助我們決定哪些物種需要優先救援。

比方說，我們可以先拯救最瀕臨危險（簡稱**瀕危**）
的植物和動物，像世界上僅剩下幾隻
的爪哇犀。

或是最有機會能夠長期
生存的物種，如紐西蘭
飽受入侵種威脅的莫
德島蛙。

或是那些在生態系內扮演關鍵角色的物種：

像是超過1,000個物種
賴以生存的紅樹林樹種
（如紅海欖），

或是海獺——牠們愛吃嗜食海藻
的海膽，能保持巨藻林健康茂盛。

可是到目前為止，我們似乎都在
拯救那些可愛的物種，捐好多錢
給名聲響亮的**保育**活動，它們常
以貓熊和老虎等動物號召，
但這些募款並沒有分享給其
他瀕危物種。

剩下
1864隻

只剩下
大約60隻

讓鎂光燈聚焦在少數動物明星，
可能意味著其他面貌長得不太可
愛（或是根本沒有「臉」）的物種遭
受滅絕的命運。但是這些劣勢的
物種，往往也是絕佳的保育候選
人，因為牠們的數量可能較容易
恢復到安全數量、保育所需要
的花費可能較少、對於牠們的
生態系極其重要等等。牠們唯一
的缺點，只是沒那麼可愛罷了。

難道我們真的要用外表來決定誰該活、誰該死嗎？
是否我們應該採用更理性的方法呢？

或許我們該想想：
和失去貓熊相比，
拯救整體生態的豐
富性是否更重要？

入侵種怎麼這麼難纏？

看影片

地球的生態系不斷改變，但自從人類出現後，改變速度就加快了！
這是因為人類把各種生物帶往全球各地，不論是不是故意的。

當新來的物種開始在當地穩定成長，並傷害人類或是環境生態時，我們就稱牠或它們為「入侵種」。

入侵種

為了抵抗入侵種，有時得花掉大把鈔票。美國花費幾十億美金在對抗漂亮卻麻煩的黃花山芥菜，因為它們不只滿山遍野到處長，還蔓延到高爾夫球場。

然而，有時連花費數十億美金都無法及時挽救環境，有些入侵種會對脆弱的生態造成極大的破壞，讓我們無法忽視。例如入侵加勒比海的獅子魚。

獅子魚

俗稱「黃瘋蟻」的長腳捷蟻，
隨著東南亞的貨船來到澳洲，不斷吃掉當地的瀕危生物，
不論是昆蟲、兩棲類、鳥、哺乳類動物……

聖誕島上著名的紅色螃蟹，長久以來成功維繫了島上
矮樹叢的生長環境。如今紅蟹遭受黃瘋蟻的瘋狂攻擊，
導致聖誕島的生態系一片混亂。然而，注意到入侵種
並非難事，要怎麼對付才是棘手的問題。

當我們為了兔肉和兔毛而把兔子帶到紐西蘭時，牠們繁殖的速度簡直就是……動如脫兔！

紐西蘭人為了抑制兔子的繁殖又引進了雪貂，結果雪貂對兔子視而不見，反而對稀有物種狼吞虎嚥起來，像是近年來幾乎滅絕的鴞鸚鵡。

目前，這兩種毛茸茸的惡魔依然在紐西蘭土地上橫行。

例如，只要針對黃瘋蟻生命週期的不同階段，採用多步驟的化學突襲，就能消滅99%的黃瘋蟻數量。

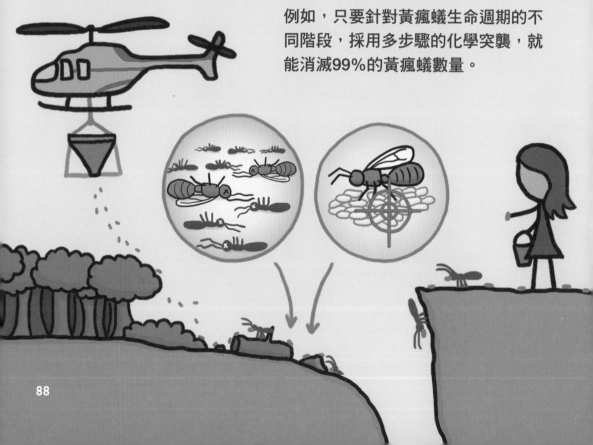

但對於大多數入侵種來說，即使消滅了99%還是不夠。因為入侵種可能具備人類不知道的生存優勢，所以數量很快就會反彈回來。

若真要根除入侵種，首先，我們必須停止把潛在的麻煩製造者帶往世界各地，斷絕牠們或它們登陸的機會。可是身在現今全球化的世界，實在是「說時容易做時難」啊！

熱愛水泥叢林的都市動物

看影片

當我們把愈來愈多真的叢林變成水泥叢林，等於把愈來愈多的物種推向瀕危的處境。然而，還是有植物和動物在都市中可以存活，甚至混得更好！

有些幸運的物種天生就適合生活在都市裡，舉例來說，常春藤與野鴿可以任意攀附與築巢在直立的結構體上，像是樹木、峭壁，因此磚牆、大樓的屋簷，都是不錯的替代棲息地。

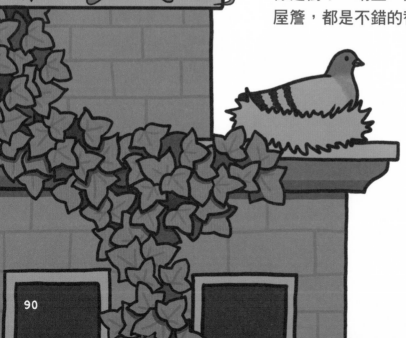

吃都市自助餐長大的**雜食性**浣熊也是子孫滿堂，
牠們的食物種類從蟑螂到玉米片，應有盡有，
因此浣熊在都市中的居住密度，竟比住在樹林中的多達十倍！
有些動物具備天生的適應力，能幫助牠們應付都市中的生存危機，
例如移居到都市的郊狼變得更常在夜間活動，
以減少與人類碰面的機會。

不是每種動物都能立即適應城市生活，但有
些動物透過代代演化，成為合格的都市佬。

美國紐約市的白足鼠就是一例，
若比對都市與鄉下的白足鼠基因，
會發現超過30處的顯著差異！

至今還無法確認這些基因差異會產
生什麼效應，但我們知道都市白足
鼠的基因中，顯現出具有對抗疾病
與代謝**毒素**的特徵，可以幫助牠們
在擁擠的環境中生存。

繁殖速度快的物種也更具生存優勢。當工廠傾倒了幾千公噸有毒化學物質到美國的哈德遜河後，當地的大西洋小鱈只經歷了大約30個世代，其中99%就演變為突變種，可以阻擋有毒化學物質進入牠們的細胞。

整體來說，上述例子不能代表都市有益於生物多樣性，但都市也不是生物無法生存的「死區」，反而比較像是間意外實驗室，不斷測試生命適應力的極限。

93

看影片

想像如果你是一種傳染性疾病，夢想能傳得又遠又廣，那麼計畫的合理起點會是侵入一個宿主，盡全力複製出最多迷你版的你，再擴散到更多宿主身上，而且愈快愈好、愈多愈好。

然而，這可能是個壞點子，因為當你製造出愈多迷你版的你，宿主就會感覺愈不舒服；宿主身體愈不舒服，就愈不可能出門和其他潛在宿主互動交流。

如果你跟大多數的**病原體**一樣需要親密接觸，像是握手或共享飲料那樣，讓你從宿主A移到宿主B，那麼宿主在家休息就會妨礙你向外傳播。所以大部分的疾病，必須限制它們造成損害的程度，如此一來它們的宿主不會感到身體不舒服，就會離開床鋪，出門和其他潛在宿主接觸。

但如果病原體不靠親密接觸也能傳播出去，就更難阻止疾病傳染了。例如引起霍亂的細菌不只害人腹瀉，甚至宿主可能在幾個鐘頭之內就死亡。而且因為這疾病可以透過水來傳播，宿主不需要特別行動就可以把細菌傳染出去，愈虛弱的宿主拉肚子的情況愈嚴重，也就把愈多的細菌排放到給水系統，因此能傳染更多人。

非洲睡眠病
（錐蟲）

瘧疾（瘧原蟲）

查加斯氏病
（錐蟲）

透過蒼蠅、蚊子和其他可怕爬蟲來傳播的疾病，也是一樣的道理，這些動物甚至可以接近超級虛弱、難以移動的宿主，到處散布病原體。像是炭疽病常藉著家畜傳播，病原體可以在環境中停留好幾年，等待新的宿主出現。

炭疽病（桿菌）

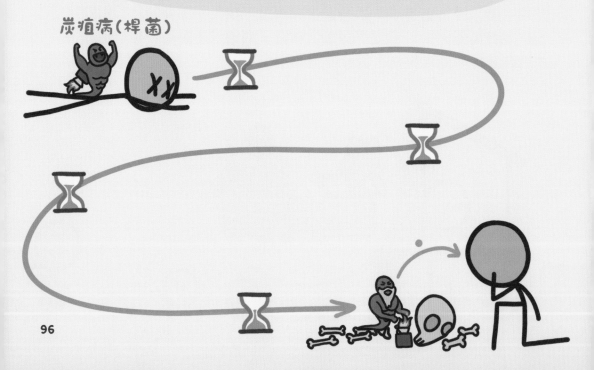

一般而言，可以遠距傳播或者相隔很長時間仍有傳染力的病原體，比起需要親密接觸才能傳染的病原體，更加致命。

當然，病原體並不是真的在謀畫主宰世界，
但大自然持續的篩選，會留下奏效的策略，
讓有些疾病變得更具毀滅性，有些疾病則是威力減弱，
以換取更多傳播的機會。

地球上的食物有多少？

看影片

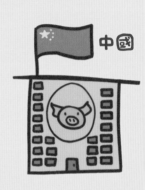

加拿大魁北克省生產的楓糖漿大約占全世界總量的四分之三，並貯藏了5萬桶之多。其他國家為了經濟因素與緊急突發事件，也都有食物存糧。

加拿大　印度　埃及　中國

假使糟糕的事真的發生了，人類可以靠家中櫥櫃、超市、量販店或倉庫裡的現有糧食存活多久？

簡短的答案是：沒辦法太久。像玉米、稻米、小麥這類穀物，還有馬鈴薯、樹薯等塊莖或塊根植物，是我們儲存最多的種類。只靠這些食物，人類大概可以吃飽三個月。

再加上所有儲存的水果、蔬菜、肉、牛奶、雞蛋、食用油與糖，我們大約可以再撐四個星期……沒辦法更久了。

然而，環境裡其實還藏著很多食物。

如果我們把全世界的莓果和洋菇都採下來，它們可以再供給人類一到兩個鐘頭。

獵殺全世界的野生哺乳類和鳥類來吃，可以讓我們再多活個幾天。

屠宰地球上每一隻**豢養的**雞、羊、豬，可以再讓我們吃上一個月。若再屠宰所有牛隻，我們就可以再多活兩個月。

把海洋裡的所有魚、蝦、螃蟹和磷蝦都捉起來，則可以供我們食用大約六個月。

要是我們把全世界的白蟻、螞蟻和蚯蚓，都用巨大吸塵器收集起來，那麼還可以讓我們多吃六個月。

這樣算下來，全球食物所能提供的熱量，大概只夠全體人類維持一年半的生命。因此把所有存糧以及動物吃光，不該是我們求生的優先策略。

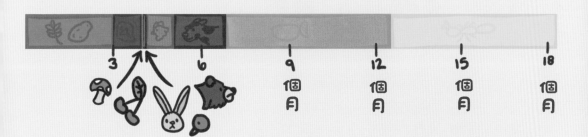

至於楓糖漿呢？每個人會分到半茶匙的分量，這些足夠我們沾幾隻白蟻來吃了。

母奶超級營養的祕密

看影片

腰果奶　　杏仁奶　　豆奶　　椰奶

.50　　$ 2.50　　$ 5.49　　$ 2.99

今日的超市販賣好多種不同的乳飲，
很多是調和了堅果和種子過濾出來的汁液，
但其實，傳統的原味牛奶也是過濾後的產品 —— 它是牛血過濾後的產物。

低脂鮮乳　　中脂鮮乳　　脫脂鮮乳

$ 2.50　　$ 2.99　　$ 2.50

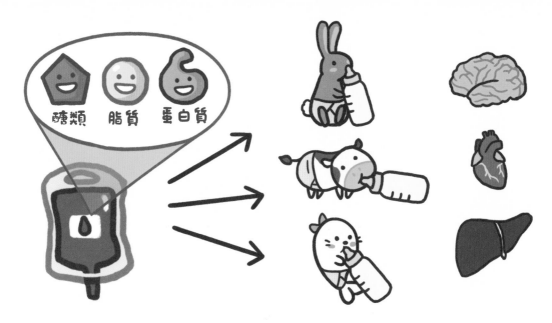

這聽起來非常詭異，卻很合理。因為血液含有很多醣類、脂質與蛋白質，全是哺乳類寶寶複雜的大腦和身體發育所需的養分。但是哺乳類媽媽又不能直接打開體內的動脈，因為這容易造成生命危險，而且大部分血液中的營養並沒有濃縮到符合寶寶的需求。

這時就需要乳腺幫忙了。乳腺充滿了幾千個小囊，囊壁上有特殊的細胞，會從流過的血液中抓取水分和營養，執行精密的化學作用，再把它們送進小囊裡，最後變成牛乳。

每種哺乳類動物都設計了獨家的血液過濾配方，以符合寶寶的需要。舉例來說，生活在北極的冠海豹媽媽，為了讓寶寶身體包裹上厚脂肪，所以牠分泌的乳汁脂肪是牛奶脂肪的15倍。

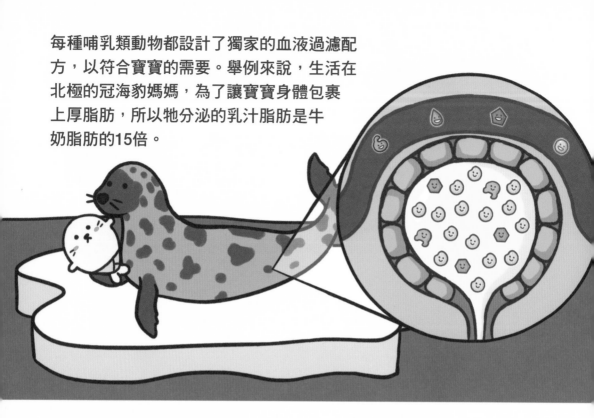

棉尾兔媽媽為兔寶寶分泌高蛋白的乳汁，好讓兔寶寶快速發展跳躍用的肌肉。

尤金袋鼠可以同時在兩個乳頭裡分泌不同的乳汁：
一種是在育兒袋裡給新生寶寶喝的含醣量高的乳汁，
另一種是給較年長的小孩喝的，乳汁的脂質、蛋白質含量較高。

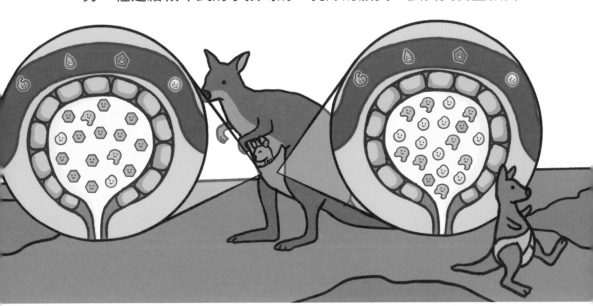

經過酪農篩選的乳牛品種，不需要像野外動物分泌特製配方
的母乳，因此能產出更多的乳汁。現在的紀錄保持者，是一
頭名叫「餘震」（Aftershock）的乳牛，每天可以生產一個浴
缸那麼多的牛奶，實在太讓人欽佩了！

細菌吃過的巧克力更好吃？

人類最愛的一些食物，像是咖啡、
麵包、起司、啤酒，甚至巧克力，
其實是百萬個
微生物的家。

聽起來似乎很噁心，但這些食物之所以
擁有我們喜愛的味道、氣味和口感，
都得歸功於微小的細菌和真菌。

比方說，叫做「酵母」的微生物會大吃麵包麵團裡的含糖澱粉，
然後打嗝吐出二氧化碳，讓麵團發酵膨脹。

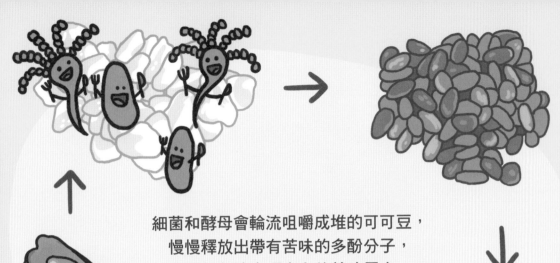

細菌和酵母會輪流咀嚼成堆的可可豆，
慢慢釋放出帶有苦味的多酚分子，
有助於創造出巧克力的美味層次。

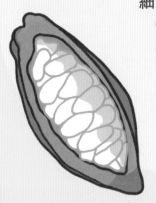

當藍起司擺在地窖熟成時，黴菌孢子會在藍起司半成品的小孔和裂縫中滋長。這些孢子能將大的蛋白質和脂肪分子消化成許多較小的化合物，而這些小化合物則提供了藍起司那聞名於世的質地和風味。

青黴菌

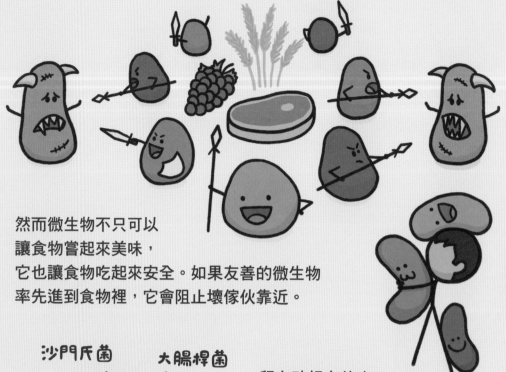

然而微生物不只可以
讓食物嘗起來美味,
它也讓食物吃起來安全。如果友善的微生物
率先進到食物裡,它會阻止壞傢伙靠近。

沙門氏菌　　大腸桿菌

留在砧板上的肉,
為討厭的病原體提
供完美的繁殖條件:
溫暖、潮溼又富含蛋白質。

但如果我們做一些改變,像是把大量
的鹽加進肉裡,就可以幫助無害又有
耐鹽性的微生物(例如乳酸桿菌),戰勝
不耐鹽性的危險近親(像是沙門氏菌、大
腸桿菌)。

乳酸桿菌

鹽

經過幾個月的常溫保
存,我們就可以品嘗
到薩拉米香腸,而不
是沙門氏菌!

幾千年前，我們的祖先不管是出於意外的幸運，
還是因為絕望，偶然發現了控制食物腐壞的方法。
從此以後，世界各地的人類就開始故意
把食物「放壞」。

乾杯!

蘋果派是個「迷你聯合國」?

看影片

蘋果派是知名的美國代表性甜食,但是製作蘋果派的原料中,
卻沒有一個是源自於美國!

蘋果是從哈薩克引進的、小麥與奶油源自中東、雞蛋來自
印度周圍的叢林、檸檬是東南亞種的,肉桂是中國產的,
肉豆蔻和糖則是從新幾內亞一帶引進的。

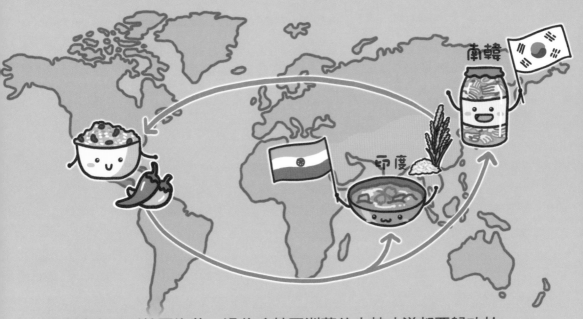

從印度咖哩到韓國泡菜，這些嗆辣亞洲菜的火辣味道都要歸功於從中美洲引進的辣椒。而中美洲人吃的豆子飯，裡面的米則是源自亞洲。

事實上，每個國家吃下的熱量中，平均有三分之二是從遙遠他國引進的農作物或動物。

這是因為全球人類飲食不可或缺的植物和動物，
大多是溫暖、生物多樣的地區所生產的。這裡也是人類
長久以來生存的區域，例如北非、中東和亞洲。

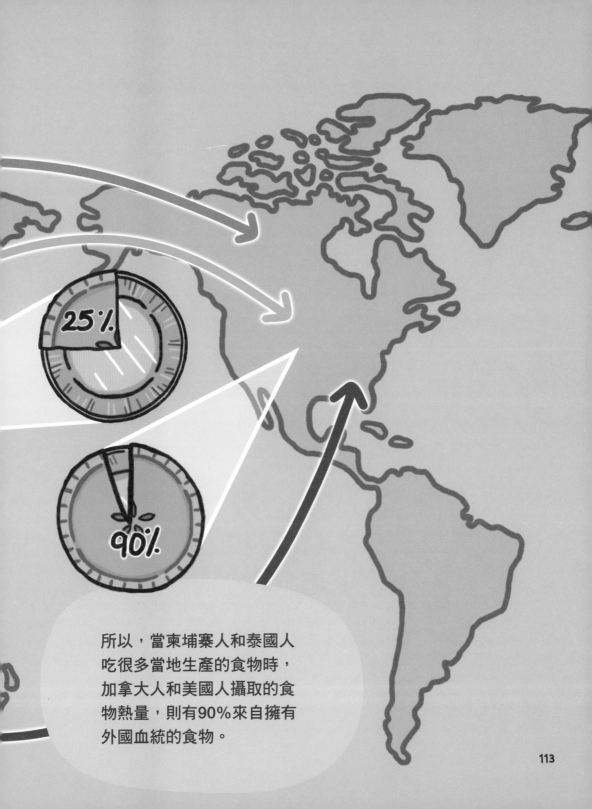

所以，當柬埔寨人和泰國人吃很多當地生產的食物時，加拿大人和美國人攝取的食物熱量，則有90%來自擁有外國血統的食物。

然而，就算料理食材來自世界各地，並不代表泡菜和披薩就不再是南韓和義大利的國民美食，畢竟我們人類在移居到世界各地之前，不也是源自於同一個地方的嗎？

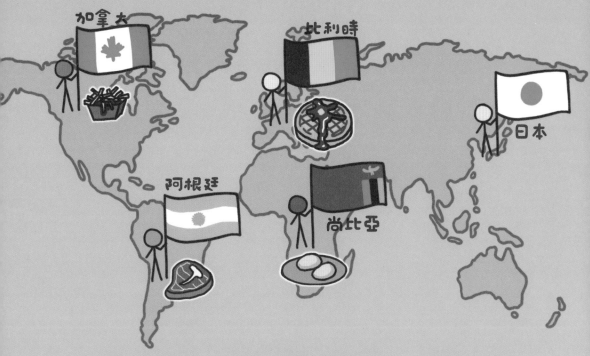

對絕大多數的人來說，認同自己是哪裡人、吃哪裡的食物，
都取決於我們最後歸屬的地方。

我們稱自己是義大利人、印度人或美國人……
或許，道理就跟「蘋果派」被稱為「美國派」一樣。

詞彙表

內太陽系（inner solar system）

太陽系最中心的部分，包含最靠近太陽的四顆行星（水星、金星、地球和火星）。

光合作用（photosynthesis）

某些生物（大多數是綠色植物）利用陽光把二氧化碳和水轉變成食物的過程。

流星體（meteoroid）

從外太空旅行過來的一小堆石塊。大部分的流星體都很小，但有些會有1公尺那麼大（再大一點的就稱為「小行星」）。

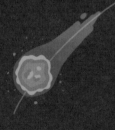

彗星（comet）

一顆由冰、灰塵與氣體組成的球，通常在太陽系的外圍地區繞著太陽運行。

隕石（meteorite）

在通過大氣層的旅程中沒有燃燒殆盡，最後撞擊到行星或月球表面的流星體。

被子植物 (angiosperm)

會開花，而且種子被果實完整包覆在內的植物。
植物如果不會開花，而且種子「光溜溜」長在外
面（例如松果中的種子），就叫做裸子植物。

生態系 (ecosystem)

生物（例如植物、動物與微生物）與非生物（像是地
景、天氣與空氣）共同運作，並且交互作用的體系。

生物多樣性 (biodiverse)

意指一個含有許多不同物種的系統。

養分 (nutrient)

生物賴以生存、成長與繁衍的物質。

真菌 (fungi)

既不是動物，也不是植物，它們是獨樹一格的生
物王國。真菌包含酵母、黴菌、蕈類，以及擅長
分解生態系統中其他物質的生物。

花粉 (pollen)

在開花植物裡像灰塵一般細小的顆粒，促使植物
進行有性生殖。

授粉者（pollinator）

把花粉從一朵花帶到另一朵花上的動物，例如蜜蜂、蛾或鳥兒。

棲地（habitat）

一個生物體生活的地方，包含它生存所需要的自然資源（像是食物、水、遮蔽處和空間）。

寄生性的（parasitic）

具寄生性的生物會住在其他生物的體表或體內，從後者身上獲取食物，同時對後者造成傷害。

宿主（host）

被他者寄生的生物。宿主會成為寄生者的住所或是食物，在寄生關係中受到傷害。

葉綠素（chlorophyll）

植物、藻類以及其他某些生物體內的綠色物質，它會吸收陽光來行光合作用。

落葉性的（deciduous）

用來形容那些葉子會在生長期結束時脫落的樹木與灌木。

基因（gene）

有助於確定一個生物長什麼樣以及如何運作的一串訊息（由DNA組成）。基因可以從父母遺傳給子女。

摩擦力（friction）

當兩個物體互相摩擦所產生的阻力。

哺乳類（mammal）

具有脊骨、毛髮或羽毛的溫血動物。母的哺乳類會分泌乳汁給寶寶喝。

浮游植物（phytoplankton）

生活在水裡、看起來像植物的極微小生物群（包括藻類），利用光合作用產生能量。

浮游動物（zooplankton）

生活在水裡的極微小動物。

陸橋（land bridge）

連接兩塊較大土地（如大陸）的一段狹窄陸地。

同類相食（cannibalism）

一種動物吃掉與牠同一物種的其他個體的現象。

生殖（reproduction）

生物製造下一代的過程。

瀕危的（endangered）

用來形容一個物種面臨絕種威脅的情況。

保育（conservation）

保護生命不遭受滅絕的實踐行動。

雜食的（omnivorous）

用來形容一種生物葷素不忌，既吃植物也吃動物。

毒素（toxin）

由生物產生的有害物質。有些植物和動物會利用毒素保護自己，或是捕捉獵物。

病原體（pathogen）

會造成疾病的微生物（像是病毒或細菌）。

豢養的（domesticated）

用來形容人類為了某個特定目的而飼養的植物和動物，用途例如生產食物（像番茄）、勞動工作（像牧羊犬），或當做寵物（像貓）。

微生物（microbe）

沒有用顯微鏡就看不到的微小生物。

想知道更多嗎？

若想了解更多課程計畫、延伸閱讀，以及這本書講到的主題裡，某些我們喜愛的出處，請造訪：

MinuteEarth.com/Books

製作團隊
Minute Earth
地球一分鐘

　　製作「1分鐘看地球」的科學家、作者與繪者，都喜愛思考關於地球的各種問題，不論問題是大是小，是嚴肅還是無聊。我們也相信：了解周遭的世界，是開始改變的最好方法之一。我們從科學文獻中挖掘資料，跟各種專家請教意見，因而創作出迷人又富教育性的故事。希望這些故事能啟發你對於科學的喜愛，進而欣賞我們的地球。

透過以下連結，
你可以觀賞我們頻道的更多動畫：

Youtube.com/MinuteEarth

1分鐘
看地球
MinuteEarth

獎　　　　狀

恭喜_____小隊員，
完成一趟超精采的地球探險，
特頒此狀，以資鼓勵！

Legal